BEI GRIN MACHT SICH IHR WISSEN BEZAHLT

- Wir veröffentlichen Ihre Hausarbeit, Bachelor- und Masterarbeit

- Ihr eigenes eBook und Buch - weltweit in allen wichtigen Shops

- Verdienen Sie an jedem Verkauf

Jetzt bei www.GRIN.com hochladen und kostenlos publizieren

Bibliografische Information der Deutschen Nationalbibliothek:

Die Deutsche Bibliothek verzeichnet diese Publikation in der Deutschen Nationalbibliografie; detaillierte bibliografische Daten sind im Internet über http://dnb.d-nb.de/ abrufbar.

Dieses Werk sowie alle darin enthaltenen einzelnen Beiträge und Abbildungen sind urheberrechtlich geschützt. Jede Verwertung, die nicht ausdrücklich vom Urheberrechtsschutz zugelassen ist, bedarf der vorherigen Zustimmung des Verlages. Das gilt insbesondere für Vervielfältigungen, Bearbeitungen, Übersetzungen, Mikroverfilmungen, Auswertungen durch Datenbanken und für die Einspeicherung und Verarbeitung in elektronische Systeme. Alle Rechte, auch die des auszugsweisen Nachdrucks, der fotomechanischen Wiedergabe (einschließlich Mikrokopie) sowie der Auswertung durch Datenbanken oder ähnliche Einrichtungen, vorbehalten.

Impressum:

Copyright © 2018 GRIN Verlag
Druck und Bindung: Books on Demand GmbH, Norderstedt Germany
ISBN: 9783668627321

Dieses Buch bei GRIN:

https://www.grin.com/document/389089

Michael Dienst

Prälokationsboxen. Eine erste Phänomenologie generalisierter Grundeinheiten der Vertebratenhand

GRIN Verlag

GRIN - Your knowledge has value

Der GRIN Verlag publiziert seit 1998 wissenschaftliche Arbeiten von Studenten, Hochschullehrern und anderen Akademikern als eBook und gedrucktes Buch. Die Verlagswebsite www.grin.com ist die ideale Plattform zur Veröffentlichung von Hausarbeiten, Abschlussarbeiten, wissenschaftlichen Aufsätzen, Dissertationen und Fachbüchern.

Besuchen Sie uns im Internet:

http://www.grin.com/

http://www.facebook.com/grincom

http://www.twitter.com/grin_com

PRÄLOKATIONSBOXEN
Eine erste Phänomenologie generalisierter Grundeinheiten der Vertebratenhand

Übersicht: Bei der Entwicklung von Strömungsbauteilen, insbesondere der Konstruktion von Leit- und Steuertragflächen für Seefahrzeuge nach dem Vorbild der biologischen Mittelhandknochen im Forschungsvorhaben CARPO taucht die Frage auf, in welcher Art und Weise das biologistische Phänomen Eingang findet in den Entwicklungsprozess maritimer Technik. Eine ordinäre Übertragung der biologischen Form auf Strömungstragflächen scheitert aus wenigstens drei Gründen: Die Ergebnisse der biologischen Analyse der Naturwissenschaftler liegen nicht in einer für die Übertragung in Technik geeigneten Form vor. Ingenieure und Designer besitzen keinerlei Erfahrung mit der Übertragung wohluntersuchter Wachstums- und Differenzierungsprozesse in der belebten Natur auf Technik. Duktus und Argumentation in der maritimen Technik vor dem Hintergrund hochflexibler Tragflügelstrukturen müssen als abweisend eingestuft werden.

Survey: In the development of flow components, in particular the construction of control and control surfaces for marine vehicles modeled on the biological metacarpal bones in the research project CARPO, the question arises in which way the biological phenomenon can find its way into the development process of maritime technology. Ordinary transmission of the biological form to flow bearing surfaces fails for at least three reasons: The results of the biological analysis of scientists are not available in a form suitable for transmission in technology. Engineers and designers have no experience with the transfer of well-researched growth and differentiation processes in the living nature of technology. Duktus and argumentation in the maritime technique against the background of highly flexible wing structures must be classified as repellent.

GENERALISIERTE GRUNDEINHEITEN

Die Idee der Prälokations-Box (PLBox) ist die Prälokation geometrischer Merkmale einer Form in generalisierten Koordinaten zum Zweck der numerischen Weiterverarbeitung in Transformationsszenarien. Die in PLBoxen erzeugten, gehegten und dargestellten Muster und Strukturen, gelegentlich als das Motiv einer Transformation bezeichnet, sind „generalisierte" Grundeinheiten biologischer oder artifizieller Formen. Sie sind in der Art und Weise der Organisation ihrer Koordinaten und geometrischen Zusammenhänge einer Transformation beliebigen, in unserem Zusammenhang auch krummlinigen, Koordinatensystemen zugänglich. Zur Transformation einer PLBox wurde zeitgleich und unter Achtung der Daten-kompatibilität das Transformationsverfahren DARCY[1] entwickelt, das aus einer generalisierten Grundeinheit expremierte Formen generiert. Die generalisierte Grundeinheit der PLBox ist eine Schar von geordneten Konstruktionspunkten, die mit einer symmetrischen (n,n)-Matrix [0..1,0..1] in einem Gitter generalisierter Koordinaten korrespondiert. Die PLBox kann zur Analyse biologischer Formen dienen und es können Kataster biologischer Formen angelegt werden. Insbesondere die Extremitäten rezenter Wirbeltierskelette sind in einer PLBox abbildbar. In PLBoxen werden Positionsinformationen natürlicher und artifizieller Muster gesammelt und gehegt. Die vornehme Idee der Prälokationsbox ist aber die Synthese artifizieller Muster mit dem Ziel, synthetische Formen nach dem Vorbild biologischer Gestaltungslösungen in der industriellen Produktentwicklung zu verarbeiten. In diesem Zusammenhang ist Grundsätzliches zur wissenschaftlichen Bionik anzumerken:

Die Bionik entschlüsselt Phänomene aus der belebten Natur mit der Absicht, Technik zu generieren. Sinn der Bionik ist nicht, biologische Formen technisch zu interpretieren. Vielmehr soll das Prinzip einer biologischen Form erkannt und auf Technik angewandt werden. Im speziellen Fall der PLBox bedeutet dies, die Topologie und die mechanisch-kinematische Funktion der Verdebratenhand zu verstehen und daraus Gestaltungsregeln für technische Produkte abzuleiten. Die Übertragung von Erkenntnissen der Biosystemanalyse auf die industrielle Produktentwicklung ereignet sich genau hier: in einem Szenario physikalischer Effekte, Wirk- und Funktionsstrukturen. Prinzipien der Beladung einer Präformationsbox sind Abstraktion, Simplifizierung und Konformität der bearbeiteten Form. Prinzipien der Rücktransformation von Inhalten der PLBox aus dem Bild- in den Funktionenbereich sind Homologie und Plastizität der konformen

---

[1] [Die 18-2] Dienst, Mi. (2018) DARCY Transformation. Einige Gedanken zu D'ARCY THOMPSONS THEORIE OF TRANSFORMATION. GRIN-Verlag GmbH München

Abbildung. Dient die PLBox der vereinfachenden Beschreibung eines bilogischen Systems, muss auf die semiotische Konsistenz[2] des Motivs seitens der der simplifizierenden Methoden geachtet werden. Die Anwendung der PLBox erfolgt durch eine homologe und hinsichtlich des Bau-, Form- und Gestaltzusammenhangs konformen Transformation aus dem generalisierten (Koordinaten-) System der PLBox in ein krummliniges Koordinatensystem der Objektkoordinaten. Soll die Bedeutung der funktionalen und geometrischen Eigenschaften, des Motivs, welches Gegenstand der Beladung der PLBox ist und ihre in Knotenpunkten sowie ihre spezifischen Verknüpfungen lokalisierte Geometrie homolog sein (semiotische Konsistenz) sprechen wir fortan von einem schrittweisen semiologen Transformationsprozess, der kennzeichnend ist, für den (Transformations-) Umgang mit Prälokations-Boxen.

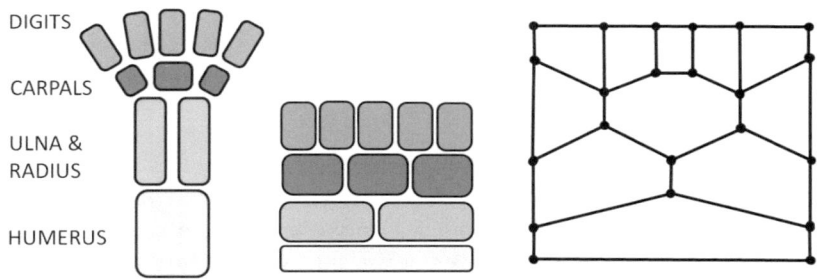

Abb.1: Übertragung eines schematisierten biologistischen Formzusammenhangs (links) einer fiktiven Extremität in eine Prälokationsbox (PLBox, rechts) über einen semiologen Prozessschritt (mittleres Bild).

DETERMINANTEN

Die Information über die Konstruktionspunkte und deren Verknüpfung sind die Determinanten der Prälokationsbox. Der hier verwandte Modus ist Standard in zahlreichen technischen Simulationsumgebungen, beispielsweise der Finite Elemente Methode, FEM. In Konstruktionsknotenpunkten und Knotenverknüpfungen (nachfolgend Fugen genannt) organisierte Datenstrukturen haben

---

[2] Homologie und Homogenität der funktionalen und geometrischen Bedeutung von biologischen Bau-, Form- und Gestaltzusammenhang.

den Vorteil einer standardisierten informationellen Weiterverarbeitung in numerischen Transformationen-Szenarien sowie in ihrer visuellen Darstellung. Allerdings taucht während der Entwicklung eines Standard für PLBoxen (für mich unerwartet) das Problem auf, dass die zur Implementation avisierten Programmiersprache-Systeme nicht in gleicher Weise gut (im Sinne von effizient und numerisch schnell) mit in Knoten und Fugen geordneten Daten umgehen und selten eleganter Code[3] das Arbeitsergebnis einer numerischen Prälokation ist.

Das Motiv, Prälokationsboxen zu entwickeln stammt aus der anwendungsorientierten Erforschung biologischer Formen und ihrer Übertragung auf Artefakte. Speziell die „intelligente Mechanik (i-mech)" natürlicher Konstruktionen, wie sie in der Kinematik der Wirbeltierskelette identifiziert wird, soll in technischen Anwendungen eine Entsprechung finden. Da die wissenschaftliche Bionik Phänomene der belebten Natur entschlüsselt, aber eine unmittelbare Übertragung auf Technik allzu oft scheitert, werden Methoden entwickelt, Bauweisen, Funktions- und Wirkstrukturen biologischer Systeme, die wir gerne „Wesen" nennen sollen, phänomenologisch zu betrachten, zu analysieren und Gestaltungsprinzipien für artifizielle Systeme (die wir Technik nennen) extrahiert. Eine Methode dieser Art ist die Prälokationsbox.

Die Organisation der in Knoten und Fugen geordneten Daten einer PLBox wird in der nachfolgenden Tabelle für ein sehr einfaches Motiv erkennbar. Es fällt sofort auf, dass die Berandung immer Element der Determinante einer Prälokationsbox ist. Die triviale Determinante ist der Rahmen selbst. Die Schar der Punkte und Verknüpfungen in einer PLBox ist endlich, aber beliebig.

Tabelle1.			Determinanten der Prälokationsbox Y-mesh										
Konstruktionspunkte P				Fugen, Gelenke, Kanten F				Topologische Gebiete, Bereiche G					
PNr	x	y	Typ	FNr	P_L	P_R	Typ	GNR	F_1	F_2	F_3	F_4	F_5	F_6	Typ
1	0.0	0.0	NON	1	1	2	BOR	1	1	2	3	6			4
2	0.0	1.0	NON	2	1	5	BAS	2	3	4	5	8			4
3	1.0	1.0	NON	3	5	6	PAS	3	6	7	8				3
4	1.0	0.0	NON	4	4	5	BAS								
5	0.4	0.0	NON	5	3	4	BOR								
6	0.4	0.6	D01	6	2	6	BIT								
				7	2	3	BOR								
				8	3	6	BIT								

---

[3] eleganter und leistungsschneller Code ist für die dynamische Visualisierung in Automatic Virtual Environments (abgekürzt: CAVE) zwingend erforderlich. CAVE bezeichnet einen Raum zur Projektion einer dreidimensionalen Illusionswelt der virtuellen Realität.

Neben den generalisierten Koordinaten kann jedem Punkt ein Eigenschaftstyp zugeordnet werden. In der Transformationspraxis ist das vielleicht eine aurenhafte Umgebung im Sinne eines Umfelds in welcher keine anderen Punkte geduldet werden[4] oder andere Gestaltungsinformationen.

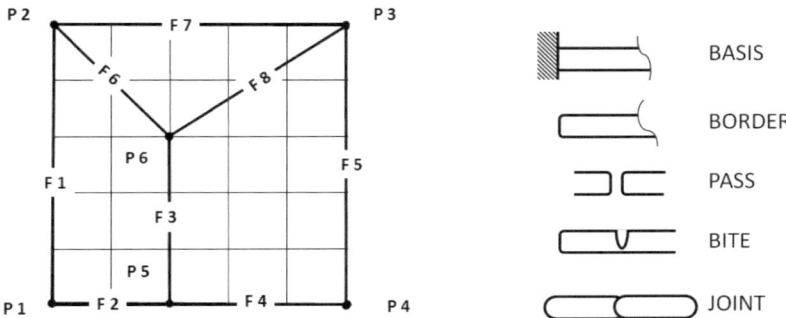

Abb.2: Prälokationsbox der synthetischen Figur „Y-mesh" mit acht Fugen und sechs Punkten (links). Fugen, Kanten und Gelenke: Festlager (BAS); Konturkante (BOR), durchgehende Fuge (PAS), Filmgelenkfuge (BIT), Gelenkfuge (JOI).

TOPOLOGISCHE ELEMENTE UND GEBIETE

Prälokationsboxen sind Räume in denen wir topologische Elemente vorfinden. Die Betrachtung der topologischen Elemente in einer PLBox erfolgt in einem (natürlichen) Euler-Koordinatensystem, in einem Ursprungspunkt (x=0, y=0) oder (den Elementen entsprechend) körperfest nach Lagrange.

Für unsere Belange ergeben PLBoxen nur dann Sinn, wenn sie einfach sind. Deshalb soll von der Entwicklung einer ausdifferenzierten Schar und damit einer Vielzahl an topologischer Elementen – denn nichts wäre einfacher als das – zunächst abgesehen werden. Nachfolgend determinieren primär lediglich zwei Elemente die PLBox: Knoten (Koordinatenpunkt) und Fuge (Verbindungselement). Die primären Knoten werden in einer Liste ihrer generalisierten Koordinaten geordnet; Knoten kann ein Knotentyp zugeordnet werden. Der ordinäre Typ des Knotens sei „NON" (normal Node). Andere Vereinbarungen

---

[4] Van der Waals- Umgebung, ein topologisches Instrument, das Punkte einer variablen Geometrie „auf Abstand" hält und/oder Knotenpunkte vereint, was einer Variation der Topologie entspricht und nicht weiter als homologe Transformation gilt.

für den Typ des Knotens beziehen sich beispielsweise auf das Konstruktions-Feature „Bohrung", für das ein Durchmesser angegeben werden kann oder dieses selbst wieder einen Typ besitzt (z.B. Sackloch, Durchbohrung, gefast, gerundet, usw). Jeder Knoten, der an einer (Außen-) Kontur auftaucht ist vom Typ NON. Das Element Knoten kann linker oder rechter Partner einer Fuge sein (wobei die Eigenschaft links und rechts nur in Lagrange-Betrachtungen eine Rolle spielt). Zu den topologischen Eigenschaften eines Knoten gehört seine Konnektivität, also die Anzahl der Fugen, die ihn als (End-) Partner nennen.

Die Elemente Knoten können ihrerseits Element eines Gebiets sein. Es hat sich allerdings gezeigt, dass es günstiger erscheint, Gebiete und Bereiche über ihre Berandungen und Kanten, respektive Fugen zu beschreiben.

Ebenfalls primär determinierende Elemente in einer PLBox sind Fugen. Das Verbindungselement Fuge besitzt per Definition einen linken und einen rechten Konnektionspartner, den (linken oder rechten) Knoten. Prinzipiell verbinden Fugen Gebiete, oder beranden sie. Die Knoten einer Fuge besitzen keine Priorität, allerdings sind die Algorithmen mancher Codes ein wenig flotter, wenn die linken und die rechten Konnektionspartner in der Ordnung ihrer eigenen Liste (Knoten- und Koordinatenliste) nach genannt werden. Für die Praxis der Prälokationsboxen ist der Typ der Fuge von Relevanz. Der ordinäre Typ der Fuge sei „BOR", eine Außenkante (Border). Der Typ BAS ist faktisch eine Außenkante, die aber Eigenschaften einer (festen, im Sinne ebener Betrachtungen dreiwertigen) Lagerung besitzen soll. BASIS entspricht damit dem mechanischen Modell einer Einspannung. PASS (PAS) ist eine durchgehende Fuge. PAS überträgt keine Kräfte und keine Momente, ist aber Element zweier Gebiete derart, dass PAS im mechanischen Sinne eine Trennung zweier Gebiete beschreibt, im topologischen Sinne aber eine Verbindung zweier Gebiete. Der Fugentyp JOINT (JOI) benennt ein reibungsfreies Gelenklager, wohingegen BITE (BIT) ein nicht-rückstellungsfreies Strukturgelenk darstellt. In der Gestaltungspraxis ist BIT ein Filmgelenk. Filmgelenke können sehr unterschiedlich konstruiert sein, weisen aber ein gestalterisches Grundmuster auf. Art und Wirkungsweise von Filmgelenken soll aber an anderer Stelle beschrieben werden. Allen Fugen und Gelenken ist vereinfachend gemein, dass ihre (gegebenenfalls virtuelle) Gelenkebene in der Ebene der PLBox liegt. In der Konstruktionspraxis kann das Element Fuge weitaus detaillierter beschrieben und determiniert werden.

Nichtdeterminierte Elemente in PLBoxen sind etwa homogene karthesische Gitter. Sie werden zur „Unterlegung" topologischer Elemente gebraucht und sind in Scilab-Code sehr elegant beschrieben.

Karthesische Gitter in PLBoxen:
    sis= size(img); idim=sis(2); kdim= sis(1); // Dimension eines Image img.
    xkoo = linspace(0,1,idim);   // x-Diskretisierung homogen karthesisch.
    ykoo = linspace(0,1,kdim);   // y-Diskretisierung , dto.

Sekundär determinierte Elemente sind topologische „Bereiche" in einer PLBox. Bereiche umschließen ein Gebiet vollständig. Es lassen sich alle Rand- und Berandungselemente, Fugen, Kanten, Gelenke eines Bereichs benennen. Mit den Fugen sind auch die Knotenpunkte in und an den Bereichsecken bekannt. Der Bereich G2 (mit der GNR=2) beispielsweise kennt die vier Fugen F3, F4, F5 und F8, umschließt ein gewisses Gebiet, das von den Fugen begrenzt und über die vier Knoten P3, P4, P5, P6 determiniert ist: G2 ist ein Tetragon[5].

GNR	F_1	F_2	F_3	F_4	F_5	F_6	Typ
1	1	2	3	6			4
2	3	4	5	8			4
3	6	7	8				3
			tri	tetra	penta	hexa	

G2 ist darüber hinaus ein nichtregelmäßiges, aber konvexes Polygon[6] mit vier Ecken (vulgo: Viereck). Die Frage nach der Konvexität eines (neu entstandenen) Gebiets) dürfte in der Analyse biologischer (und synthetischer) Szenarien künstlicher Musterbildung eine Rolle spielen. Das wird zu zeigen sein. Konkav sind Polygone dann, wenn sie „hinterzogen" sind, also eine Einbuchtung ihrer Kontur aufweisen.

AUSBLICK und AUFGABEN

Die Entwicklung von und die Forschung an Prälokationsboxen befindet sich heute in einer Freakphase. Es ist noch früh. Einige Festlegungen sind getroffen, einige Eigenschaften geklärt und einige Erwartungen knüpfen sich bereits an die Gestaltungspraxis unter einem Konzept mit PLBoxen. Noch aber herrschen die unbeantworteten Fragen und Aufgaben vor. Etliche Ungeklärtheiten betreffen den Deutungskern der Prälokationsbox. Natürlich wissen wir, wofür

---

[5] Dreieck (Trigon), Viereck (Tetragon), Fünfeck (Pentagon), Sechseck (Hexagon), Siebeneck (Heptagon), Achteck (Oktagon).
[6] Polygon (von altgriechisch polygōnion ‚Vieleck'; aus polýs ‚viel' und gōnía ‚Winkel') oder auch Vieleck bezeichnet in der elementaren Geometrie eine ebene geometrische Figur, die durch einen geschlossenen Streckenzug gebildet und/oder begrenzt wird, beziehungsweise ein zweidimensionales Polytop. Aus: https://de.wikipedia.org/wiki/Polygon

die PLBoxen entwickelt werden, aber ob die Entwicklung von einer eher allgemeinen Fragestellung hin ins Spezielle oder doch von einer Speziallösung innerhalb der Carpo-Forschung hin zur Universalität führen soll, bleibt strittig. Wir anerkennen in der Freakphase der Forschung Anzeichen dafür, dass Verfahren in und um PLBoxen auch verallgemeinernde Fragestellungen verarbeiten.

Biologische und artifizielle Grundstrukturen der (autopoietischen) Gestaltentstehung, etwa die (ebene) Zähligkeit von Zellen oder künstlichen Gebieten sind erstaunlicherweise immer noch wenig erforscht. Hier haben auch Bioniker eine Bringeschuld. Zwar wissen wir, dass hinsichtlich der kinematischen Wechselwirkungen in der Gelenkebene Pentagone in der Gestaltungspraxis interessant sind immer dann, wenn die Gelenkigkeit einer Konstruktion aus der Struktur stammt (Technik) und nicht aus den Gelenken (Biologie), aber welche technologischen Konsequenzen daraus erwachsen, wissen wir nicht. Derart abgeleitete Gestaltungsdoktrin können zu einer Bevorzugung der Fünfzähligkeit in einer „synthetisierenden Prälokationsbox" Anlass geben. Oder zum Gegenteil, einer Pentaphobie. Die CARPO-Forschung zielt auf Gestaltungsregeln, aber: ein Handbuch über die Gestaltungspraxis mit PLBoxen wird es sobald nicht geben. Noch nicht.

Gleichwohl besitzen PLBoxen instrumentelle Eigenschaften. Sie sind Werkzeuge PLBoxen eignen sich als Bühne für die Erforschung von Emergenz-Systemen und zur Beschreibung von Fraktalen und Lindenmayer Semantiken.

Die Eignung und Rolle der PLBoxen in der integrierten Produktentwicklung ist auszuloten. Erwartungen über das Zusammenwirken der PLBox und der DARCY-Transformation wurden benannt vor dem Hintergrund der Entwicklungsmotive für PLBoxen im Rahmen der CARPO-Forschung. Die Tauglichkeit der PLBoxen für die Konstruktion zukünftiger Leit- und Steuertragflächen (Finnen), harrt ihrer wissenschaftlichen Erkundung. Das Element Fuge wurde erwähnt. Bei weitem nicht ausdiskutiert sind die rezent gängigen Optionen der Formulierung eines Filmgelenkes vom Stand der Technik. Hier möchten wir noch wesentlich mehr von einem PLBox-Grooving oder der „Kunst der Fuge" hören.

Ein ganz eigenes Kapitel ist die Synthese und Gestaltfindung in Prälokationsboxen. Hier sollten wir es halten wie D'Arcy Thompson, wenn er sagt: „Reden wir nicht über Dinge die wir schon wissen. Reden wir besser über Dinge, die wir nicht wissen!" In unserem Fall möge das heißen: diskutieren wir über das Generieren von Muster und Struktur, über Morphogenetische Gradienten, Evolution und Phylogenese in PLBoxen, mit dem Motto: Living in a PLBox.

Berlin im Februar 2018

Bibliographie und weiterführende Literatur

[Con96] Conway, J. H., Guy, R. K., (1996) The Book of Numbers. New York: Springer-Verlag, pp. 283-284,
[Cal02] Calistrate, D.; Paulhus, M; Wolfe, D. (2002) On the Lattice Structure of Finite Games. In: More Games of No Chance. Cambridge: Cambridge University Press: 25-30.
[Die18-1] Dienst, Mi. (2018) ÜBER DIE TOPOLOGIE DER VERTEBRATENHAND. Entwicklungsmuster der oberen Wirbeltierextremität in Schemata. GRIN-Verlag GmbH München, ISBN(e-Book): 9783668621077, ISBN(Buch): 9783668621084
[Die 18-2] Dienst, Mi. (2018) DARCY Transformation. Einige Gedanken zu D'ARCY THOMPSONS THEORIE OF TRANSFORMATION. GRIN-Verlag GmbH München, ISBN(e-Book): 9783668621053, ISBN(Buch): 9783668495197
[Die 16-9] Dienst, Mi. (2016) THE ORIGIN OF BIOLOGICAL COMPLEX GEAR, Design Intent regarding Surfboard fins with "Intelligent Mechanics, i-mech". GRIN-Verlag GmbH München, ISBN(e-Book): 9783668264779, ISBN(Buch): 9783668264786
[Die09-8] Dienst, Mi.(2009) Synthetische Muster für lokale Suchalgorithmen. GRIN-Verlag GmbH München. ISBN (E-Book): 978-3-640-49616-7, ISBN: 978-3-640-49633-4
[Die09-7] Dienst, Mi.(2009) Algorithmen zur Musterverarbeitung in Optimierungsstrategien nach dem Vorbild der biologischen Signaltransduktion. GRIN-Verlag GmbH München. ISBN (E-Book): 978-3-640-49615-0, ISBN: 978-3-640-49632-7
[Die09-3] Dienst, Mi.(2009) Artifizielle Evolution Heute. Optimieren nach dem Vorbild der Natur. GRIN-Verlag GmbH München. ISBN: 978-3-640-39858-4. ISBN (E-Book): 978-3-640-39834-8
[Die09-1] Dienst, M., (2008) Musterverarbeitung in Optimierungsstrategien nach dem Vorbild der biologischen Signaltransduktion. In Forschungsbericht 2008/2009 der BHT Berlin, S. 160-163. Publikationen der Beuth Hochschule für Technik Berlin. ISBN 978-3-938576-20-5.
[Die07] Dienst, M., (2007) Genesetransformation. Adaption der Transformationscharakteristiken. In Forschungsberichte 2007 der TFH Berlin, S. 166-171. Publikationen der Technischen Fachhochschule Berlin. ISBN 978-3-938576-07-3

[Die06]	Dienst, M., (2006) Eine Optimierungsumgebung für Genesetransformationen. In Forschungsberichte 2006 der TFH Berlin, S. 115-117. Publikationen der Technischen Fachhochschule Berlin. ISBN 3-938576-07-3
[Die05]	Dienst, M., (2005) Genesetransformation. Ein Algorithmus zur Synthese von Signalen nach dem Vorbild der biologischen Musterbildung. In Forschungsberichte 2005 der TFH Berlin, S. 190 – 193. Publikationen der Technischen Fachhochschule Berlin.
[Eig71]	Eigen, M., (1971) Selbstorganisation und Evolution. In: Naturwissenschaften Bd. 58(10), S. 465 - 523, 1971
[Ger95]	Gerhardt, M., Schuster, H. (1995): Das digitale Universum. Zelluläre Automaten als Modelle der Natur. Vieweg, Braunschweig.
[Gie72]	Gierer, A., und Meinhard, H., (1972) A Theorie of biological Pattern Formation. Kybernetic 12, 30-39.
[Her00]	Herdy, Michael, (2000) Beiträge zur Theorie und Anwendung der Evolutionsstrategie. Mensch und Buch Verlag, Berlin.
[Her05]	Herdy, Michael, (2005) Anwendung der Evolutionsstrategie in der Industrie. In Evolution zwischen Chaos und Ordnung. S. 123 – 138. Freie Akademie Verlag, Bernau.
[Kah91]	Kahlert, J. (1991) Vektorielle Optimierung mit Evolutionsstrategien und Anwendungen in der Regelungstechnik. VDI Verlag, Reihe 8 Nr. 234.
[Kos03]	Kost, Bernd, (2003) Optimierung mit Evolutionsstrategien. Harri Deutsch Verlag, Frankfurt a. M.
[Lov88]	Lovelock, J., (1988) The ages of Gaya. W.W. Norton, New York
[McC65]	McCulloch, W., (1965) Embodiment of minds. Cambridge: Cambridge University Press: 25-30.
[Mef04]	Meffert, B., Hochmut, O. (2004) Werkzeuge der Signalverarbeitung. Pearson-Studium, München.
[Mei01]	Meinhard, H., (2001) Auf- und Abbau von Mustern in der Biologie. In Biologie in unserer Zeit, (31), 01.
[Mei82]	Meinhard, H., (1982) Models of biological pattern formation. Academic Press, London.
[Mei84]	Meinhard, H., (1984) Models for positional signalling. J. Embriol. Exp. Morph. 83:289-311.
[Mon71]	Monod, Jacques, (1971) Zufall und Notwendigkeit. Piper Verlag, München

[Mor03]	Mortimer, Ch., Müller, U. (2003) Das basiswissen der Chemie, Thieme Verlag Stuttgart.
[Nie83]	Niemann, H., (1983) Klassifikation von Mustern. Springer, Berlin, Heidelberg.
[Nie90]	Niemann, H., (1990) Pattern Analysis and Understanding, Springer Series in Information Sciences 4. Berlin.
[Pru94]	Prusinkiewicz, P., (1994) Visual models of morphogenesis. Artificial Life, 1(1/2):67-74.
[Rec94]	Rechenberg, Ingo, (1994) Evolutionsstrategie. Frommann Holzboog Verlag Stuttgart- Bad Cannstatt.
[Rie75]	Riedl, R., (1975) Die Ordnung des Lebendigen. Systembidingungen der Evolution. Parey Buchverlag Berlin.
[Sche85]	Scheel, Armin (1985) Beitrag zur Theorie der Evolutionsstrategie. Dissertation, TU Berlin.
[Schw95]	Schwefel, H. – P. (1995) Evolution and Optimum Seeking. John Wiley & Sons. New York.
[Tur52]	Turing, A., (1952) The chemical basis of morphogenesis. Philosophical Transactions of the Royal Society B, 237:37-72.
[Wol99]	Wolpert, L., (1999) Entwicklungsbiologie, Spektrum Akademischer Verlag, Heidelberg

Kontakt:

Die **BIONIC RESEARCH UNIT** ist eine forschungsbezogene Fachgruppe für Lehrende und Studierende an der Beuth Hochschule für Technik Berlin und Partner für industrielle Dienstleistungen auf dem Wissensgebiet der Bionik.

Beuth Hochschule für Technik Berlin,
BIONIC RESEARCH UNIT / FB VIII, Maschinenbau
Luxemburger Str. 10,
D - 13353 Berlin-Wedding

BEI GRIN MACHT SICH IHR WISSEN BEZAHLT

- Wir veröffentlichen Ihre Hausarbeit, Bachelor- und Masterarbeit

- Ihr eigenes eBook und Buch - weltweit in allen wichtigen Shops

- Verdienen Sie an jedem Verkauf

Jetzt bei www.GRIN.com hochladen und kostenlos publizieren